고맙습니다
Gratitude

Gratitude

Copyright ⓒ 2015 Oliver Sacks
Korean translation copyright ⓒ 2016 ALMA Publishing Co., Ltd.
All rights reserved
This Korean edition is published by arrangement
with The Wylie Agency (UK) Ltd.

이 책의 한국어판 저작권은
The Wylie Agency (UK) Ltd.와 독점 계약한 (주)알마에 있습니다.
저작권법에 의해 한국 내에서 보호받는 저작물이므로
무단 전재와 무단 복제를 할 수 없습니다.

고맙습니다
Gratitude
Oliver Sacks

김명남 옮김

나는 지금 죽음과 마주하고 있습니다.

하지만 나의 삶은 아직 끝나지 않았습니다.

차례

헌시_O .. 12

들어가며 .. 19

수은 .. 25
나의 생애 .. 37
나의 주기율표 .. 47
안식일 .. 59

옮긴이의 말 .. 75

———

Foreword .. 85

Mercury .. 89
My Own Life .. 99
My Periodic Table .. 107
Sabbath .. 119

헌시_고마워하겠습니다 .. 134

O

김현

누구나 다
사라졌다는 사실

오늘은 그 단어를
기쁨의 원천으로 섬기겠습니다

그곳에
다리가 존재합니다

시간의 돌과 시간의 이끼를 잇는
푸른 다리 아래로 구름이
진실로 흘러가고 있을 때

헌시

그 순전한 진리 위에서
당신이 쓰던 눈을 내 손등에 올려놓았습니다
재가 흩날렸습니다

지금부터는 당신의 눈으로
이 세계에 산다는 게 어떤 건지 글로 쓰는 것이지.

죽음을 앞장세우지 말자고
눈 쌓인 나뭇가지를 꺾어
내가 당신에게 줬지요
고마워요, 눈
당신은 침묵의 샴페인을 터뜨리고
흘러나온 걸 제가 다 마셨습니다
당신은 만년필로 적은 내 글씨를
기약도 없이 들여다보다가
고마워요, 눈이라고 말했습니다
나는 인생은 긴 키스
맹세코 누구에게도 발설하지 않았습니다
당신이 쓰던 눈을

남자와 남자가 만나
먼 것을 또렷이 보고 가까운 것을 흐릿하게 본 후에
냄새 맡고 깨물고 서로의 영혼을 핥아주다가
발 담그게 되는 비밀을
더 해드릴 게 있을까요?
존재해줘.

지금부터는 제가 존재하겠습니다
일기를 쓸 거야.

눈을 감고 떠올려봐요
한밤 은빛 속에서
남다른 연인이 눈밭을 뛰어가고
발자국이 남고
그 아름다운 순간을 따라
당신과 내가 손을 잡고 걸어갑니다
뉴욕으로
뉴욕 교차로로
뉴욕의 가죽바지 속으로

헌시

뉴욕의 괴물을 무찌르는 히어로들처럼
당신이 물안경을 끼고
눈 뭉치를 들어 공중으로 던집니다
낱말을 찾기 위해서
내리는 시간을 잠깐 멈추고
제가 그걸 혓바닥 위에 올리고
당신의 물안경을 쓱 핥아줍니다
이제 선명합니까
마침내 샴페인이 터지자
당신은 뜬눈으로 의문에 빠졌습니다
인생의 환희가 이토록 깨끗한 것이었다니
그걸 다 하고
우리는 옥상으로 갔죠
남은 건 하얀 야경뿐이라는 듯
코로 깊게 들이마시고
당신은 인생은 넓은 하루
당신의 물안경을 벗기고
양말을 빼주고 이불을 덮어주고
유 세이 굿바이 아 세이 헬로

고맙습니다

음악은 비밀의 웅덩이
당신의 찬 발을 어루만지다가
돌능금나무 씨앗을 잘 모아두었습니다

이 정도의 재로
우리라는 단어를 정리할 수 있을까요

당신이 쓰던 눈을 진실 속으로
떠나보냈습니다
다리를 둘로 쪼개서
한쪽은 우리가 끌고 가고
한쪽은 우리였던 것으로 두었습니다
펼쳐진 책장은 늘 두 페이지
움직이는 것
인생은 죽음을 앞장세우지 않습니다

이제
책을 덮고 책을 읽으세요

헌시

당신도 곧 사라졌습니다
살아 있기 위해서

들어가며

★

삶의 마지막 2년 동안 쓴 에세이 네 편을 묶은 이 책에서 올리버 색스는 나이 든다는 것과 질병 그리고 죽음을 놀랍도록 우아하고 또렷하게 응시한다. 첫 번째 에세이 〈수은〉은 그가 2013년 7월 여든 살 생일을 며칠 앞두고 한달음에 써 내려간 글로, 노년만이 가지는 즐거움을 이야기하면서도 육체와 정신의 쇠약이 따를 수 있다는 사실도 모른 척 지나치지 않는다.

18개월 뒤, 자서전 《온 더 무브》의 최종 원고를 마무리한 올리버 색스는 그제야 2005년에 진단받았던 희귀병 안구흑색종이 간으로 전이됐다는 사실을 알게 되었다. 이러한 종류의 암에는 선택할 수 있는 치료법이 얼마 되지 않았고, 의사들은 그가 살 수 있는 날이 6개월밖에 남지 않았을지도 모른다고 조심스럽게 예측했다. 그는 그 후 며칠 동안 〈나의 생애〉를 쓰며 좋은 삶을 살았던 것에 대해 한없이 감사하는 마음을 드러냈다. 그렇지만 그 글을 즉시 발표하는 것은 망설였다. 너무 이르지 않을까? 불치병에 걸렸다는 소식을 정말로 남들에게 공개하고 싶은 걸까? 한 달 뒤, 색스는 몇 달이나마 삶을 더 연장할 수 있는 치료를 받기로 결정했고, 말 그대로 수술실로 들어가는 도중에 우리에게 그 글을 〈뉴욕타임스〉에 보내달라고 부탁했다. 〈뉴욕타임스〉는 바로 이튿날 글을 실었다. 〈나의 생애〉에 쏟아진 많은 독자의 공감 어린 반응은 색스를 어마어마하게 기쁘게 했다.

2015년 5월과 6월 그리고 7월 초 그는 상대적으로 건강이 괜찮은 상태였다. 색스는 글을 쓰고, 수영을 하고, 피아노를 치고, 여행을 즐겼다. 그 시기에 에세이도 몇 편 더 썼는데, 그중 하나인 〈나의 주기율표〉에서는 원소주기율표를 향해 평생 품었던 남다른 사랑과 자신이 곧 죽을 운명이라는 사실에 대해 깊이 사색하기도 했다.

8월에는 그의 건강이 빠르게 나빠졌다. 그러나 색스는 마지막 에너지를 글쓰기에 바쳤다. 이 책의 마지막 에세이 〈안식일〉은 그에게 아주 특별하고도 중요한 문장들이다. 그는 단어

들어가며

하나하나를 몇 번이고 고치고 또 고쳐서 정수만을 증류해 담았다. 이 글이 발표되고 2주일이 지난 2015년 8월 30일, 올리버 색스는 숨을 거두었다.

___ 케이트 에드거Kate Edgar와 빌 헤이스Bill Hayes

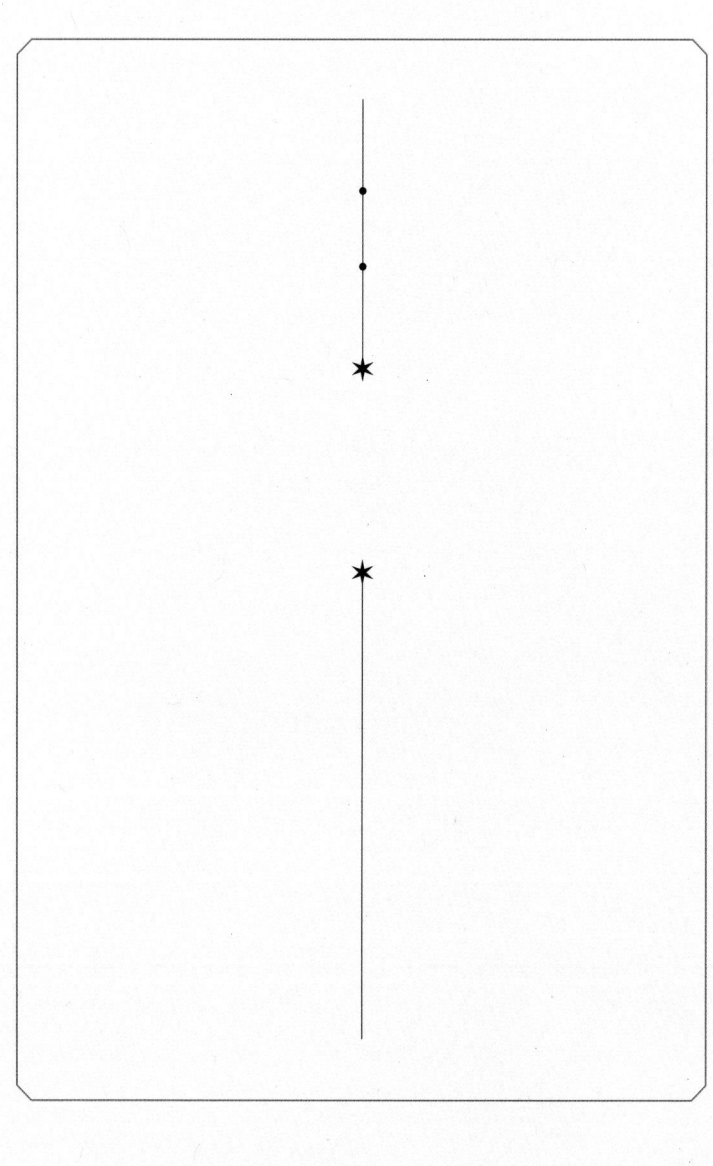

나는 죽음보다 인생을 허비하는 것이 더 두렵다.

＊

올리버 색스
2009. 10. 31.

수은

간밤에 수은에 관한 꿈을 꾸었다. 거대하고 반들거리는 수은 덩어리들이 오르락내리락하는 꿈이었다. 수은은 80번 원소이고, 이 꿈은 오는 화요일에 내가 여든 살이 된다는 사실을 일깨웠다.

내게 원소와 생일은 늘 하나로 얽혀 있는 것이었다. 어릴 때부터, 내가 원자번호를 처음 알게 되었을 때부터 그랬다. 열한 살 때 나는 "난 나트륨이야"라고 말했고(나트륨은 11번 원소다), 일흔아홉 살인 지금 나는 금이다. 몇 년 전 내가 친구에게 여든 살 생일 선물로 수은이 든 병을 주었더니—새지도 않고 깨지지도 않는 특수한 병이었다—친구는 별 희한한 걸 다 준다는 표정을 지었지만, 나중에 내게 멋진 편지를 보내어 이런 농담을 전했다. "건강을 위해서 매일 아침 조금씩 섭취하고 있다네."

내가 여든 살이라니! 도무지 믿기지 않는다. 가끔은 인생이 이제야 시작될 것 같은 기분이 들지만, 이내 사실은 거의 끝나가고 있다는 깨달음이 뒤따른다. 내 어머니는 열여덟 형제자매 중 열여섯 번째였다. 나는 어머니의 네 아들 가운데 막내였고, 외가의 하고많은 사촌들 중에서도 거의 막내였다. 고등학교에서도 늘 반에서 가장 어린 축에 들었다. 그래서 나는 내가 항상 제일 어린 사람이라는 기분을 간직한 채로 살았다. 지금은 비록 내가 아는 사람들 중에서 거의 최고로 늙었지만 말이다.

나는 마흔한 살에 내가 딱 죽을 줄 알았다. 혼자 산을 오르다가 심하게 추락해서 다리가 부러진 때가 있었다. 나는 스스로 할 수 있는 만큼 다리에 부목을 댄 뒤, 팔로 몸을 떠받치면서 꿈지럭꿈지럭 산을 기어 내려가기 시작했다. 이어진 기나긴 시간 동안 내 머릿속에 온갖 기억이 엄습해왔다. 좋은 기억도 있고 나쁜 기억도 있었지만, 대부분 감사하고픈 기억들이었다. 내가 남들로부터 받은 것에 대한 감사, 그리고 내가 조금이라도 돌려줄 수 있었다는 데 대한 감사. 나는 바로 전해에 《깨어남》을 출간했었다.

여든이 다 되어 내과적 질병과 외과적 문제까지 잔뜩 껴안고는 있어도 거동을 못할 만한 불편은 하나도 없는 지금, 나는 살아 있어 다행이라는 기분이 든다. 날씨가 완벽한 날에는 가끔 "안 죽고 살아 있는 게 기뻐!" 하는 말도 튀어나온다. (이것은 내가 친구에게 전해 들었던 어떤 이야기와는 정반대 상황이다. 친구는 어느 완벽한 봄날 아침 파리에서 사뮈엘 베케트와 함께 걷다가 그에게 이렇게 말했다고 한다. "이런 날이면 살아 있어서 기쁘다는 생각이 들지 않습니까?" 베케트는 이렇게 대답했다. "그렇게까지는 아닙니다.") 나는 많은 것을 경험한 것이―멋진 경험도, 끔찍한 경험도―감사하고, 책 10여 권을 쓴 것, 친구와 동료와 독자로부터 셀 수 없이 많은 편지를 받은 것, 너새니얼 호손이 말했듯 "세상과의 교제"를 즐길 수 있었던 것이 그저 감사하다.

아쉬운 점은 너무 많은 시간을 낭비했다는 (그리고 지금도 낭비하고 있다는) 사실이다. 여든 살이 되고서도 스무 살 때와 마찬가지로 지독하게 수줍음을 탄다는 것도 아쉽다. 모국어 외에는 다른 언어를 할 줄 모른다는 게 아쉽고, 응당 그랬어야 했건만 다른 문화들을 좀 더 폭넓게 여행하고 경험하지 않았다는 점도 아쉽다.

이제 삶을 마무리하기 위해 노력해야 한다는 기분이 든다. "삶을 마무리한다"는 게 정확히 무슨 뜻이든 말이다. 내가 진료했던 환자들 가운데 아흔이나 백 살이 넘은 몇몇 노인은 "나는 충만한 삶을 살았으니 이제 갈 준비가 되었습니다"라는 식으로 고별을 전하기도 했다. 어떤 사람들에게는 이것이 천국행을 의미한다. 어째서인지 몰라도 지옥은 절대 아니고, 늘 천국이다. 물론 새뮤얼 존슨과 제임스 보즈웰 같은 사람들은 지옥행을 상상해 몸서리쳤고, 그런 종류의 믿음을 전혀 품지 않았던 데이비드 흄에 대해 역겨워하기도 했지만 말이다. 나로 말하자면 내가 사후에도 존재하리라는 믿음이 (혹은 그러기를 바라는 마음이) 전혀 없다. 그저 친구들의 기억 속에서 살아남길 바라고, 내가 죽은 뒤에도 내 몇몇 책이 사람들에게 "말을 건네기를" 바랄 뿐이다.

시인 W. H. 오든은 자신은 여든 살까지 살다가 그때가 되면 "꺼질" 거라고 말하곤 했다(그는 예순일곱 살까지밖에 살지 못했다). 오든이 죽은 지 40년이 흘렀지만, 나는 아직도 꿈에서 종종 그를 본다. 그리고 부모님을 만나고, 예전 환자들도 마주한다. 다들 죽은 지 오래되었지만 내 삶에서 내가 사랑했고 내게 중요했던 사람들이다.

여든 살이 되면 치매나 뇌졸중의 유령이 주변에 어른거리게 마련이다. 또래 중 3분의 1은 벌써 죽었고, 그보다 더 많은 사람들은 정신적으로나 육체적으로 심한 손상을 겪은 나머지 최소한의 존재라는 비극적 상태에 갇힌 채 살아간다. 여든 살이 되면 쇠퇴의 징후가 너무나 뚜렷이 드러난다. 반응이 살짝 느려지고, 이름들이 자주 가물가물하고, 에너지를 아껴 써야 한다. 그럼에도 불구하고 여전히 나는 자주 에너지와 생명력이 넘치는 것 같고, '늙었다'는 기분이 전혀 들지 않는다. 어쩌면, 운이 좋다면, 몇 년 더 그럭저럭 건강을 유지하면서 프로이트가 삶에서 제일 중요한 두 가지라고 말했던 사랑과 일을 계속해나갈 자유를 누릴 수 있을 것이다.

마침내 갈 때가 되면, 프랜시스 크릭이 그랬던 것처럼 마지막 순간까지도 일하다가 갔으면 좋겠다. 크릭은 대장암이 재발했다는 소식을 듣고도 처음에는 아무 말도 안 했다. 그냥 1분쯤 먼 곳을 바라보다가 곧장 전에 몰두하던 생각으로 돌아갔다. 몇 주 뒤에 사람들이 그에게 진단이 어떻게 나왔느냐고 물으면서 들볶자 크릭은 "무엇이든 시작이 있으면 끝이 있지"라고 말할 뿐이었다. 그는 가장 창조적인 작업에 여전히 깊이 몰입한 채로 여든여덟 살에 죽었다.

 아흔네 살에 돌아가신 아버지는 80대가 인생에서 가장 즐거운 시절 중 하나였다고 이야기하곤 했다. 나도 슬슬 똑같이 느끼기 시작하는데, 아버지는 나이 들수록 자신의 정신과 시야가 위축되기는커녕 넓어진다고 느꼈다. 여든 살이 된 사람은 긴 인생을 경험했다. 자신의 인생뿐 아니라 남들의 인생도 경험했다. 승리와 비극을, 호황과 불황을, 혁명과 전쟁을, 위대한 성취와 깊은 모호함을 목격했다. 거창한 이론이 생겨났다가 완강하게 버티는 사실들에 못 이겨 거꾸러지는 모습을 보았다. 이제 덧없는 것을 좀 더 깊이 의식하게 되며, 아마도 아름다움까지 보다 깊이 의식하게 된다. 여든 살이 되면 이전 나이에서는 가질 수 없었던 장기적인 시각과 자신이 역사를 몸소 살아냈다는 생생한 감각을 갖게 된다. 나는 이제 한 세기가 어떤 시간인지를 상상할 수 있고 몸으로 느낄 수 있는데, 이것은 마흔이나 예순에는 할 수 없었던 일이다. 나는 노년을 차츰 암울해지는 시간, 어떻게든 견디면서 그 속에서 최선을 다해야 하는 시간으로만 보지 않는다. 노년은 여유와 자유의 시간이다. 이전의 억지스러웠던 다급한 마음에서 벗어나, 무엇이든 내가 원하는 것을 마음껏 탐구하고 평생 겪은 생각과 감정을 하나로 묶을 수 있는 시간이다.

나는 여든 살이 되는 것이 기대된다.

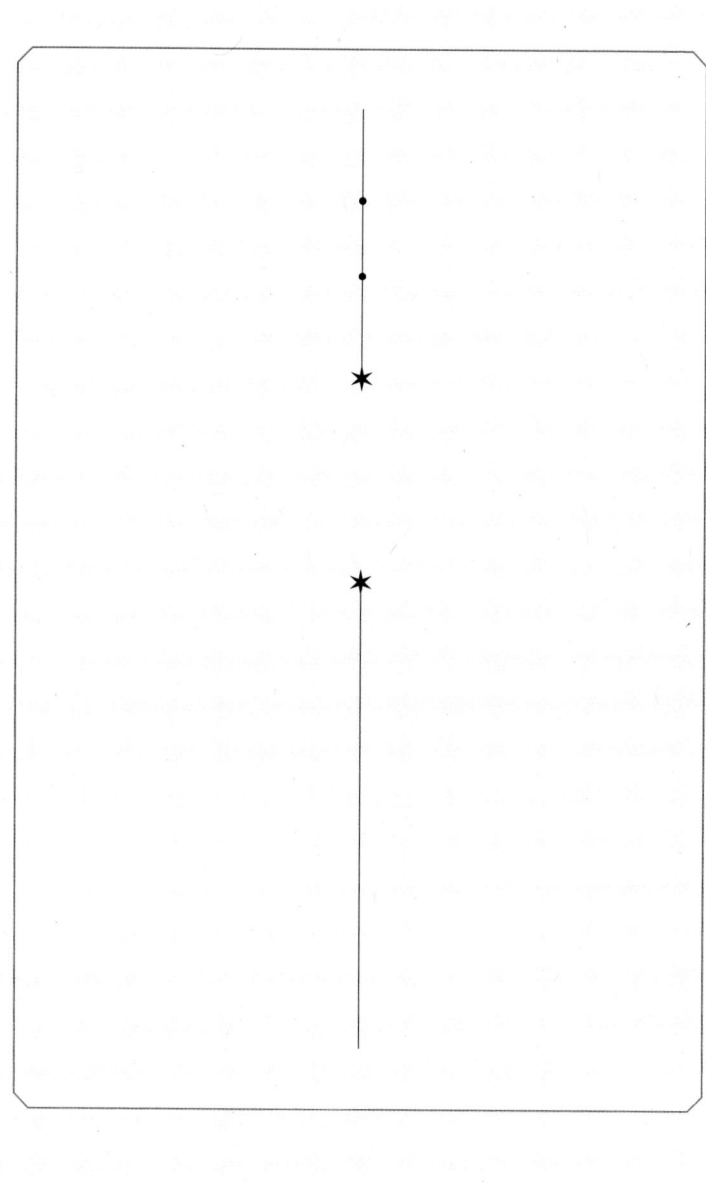

기억을 조금이라도 잃어버려봐야만 우리의 삶을
구성하고 있는 것이 기억이라는 사실을 알 수 있다.
기억이 없는 인생은 인생이라고조차 할 수 없다는 것을.
우리의 통일성, 이성과 감정 심지어는 우리의 행동까지도
기억이 있기 때문에 존재한다는 것을. 기억이 없다면,
우리는 아무것도 아니다.

★

《아내를 모자로 착각한 남자》에서

나의 생애

한 달 전 나는 건강이 괜찮다고, 심지어 아주 튼튼하다고 느꼈다. 여든한 살인 나는 요즘도 매일 1마일씩 수영을 한다. 하지만 나도 운이 다했다. 몇 주 전, 간에 다발성 전이암이 생긴 걸 알게 됐기 때문이다. 9년 전 나는 안구흑색종이라는 드문 종류의 종양이 발생했다는 진단을 받았더랬다. 종양을 제거하고자 받은 방사선치료와 레이저치료 때문에 결국 나는 그 눈의 시력을 잃었다. 안구흑색종이 전이를 일으킬 확률은 전체 사례의 50퍼센트쯤 된다. 그러나 내 경우에는 상황을 보건대 가능성이 훨씬 낮다고 했다. 하지만 결국 나는 운이 없는 쪽이었다.

처음 진단을 받았던 때로부터 9년이나 더 건강하고 생산적인 시간을 누릴 수 있었던 것에 감사하지만, 나는 이제 죽음에 직면해 있다. 암은 간의 3분의 1을 점령했다. 이런 종류의 암은 진행 속도를 늦출 수 있을진 몰라도 아예 진행을 멎게 할 수는 없다.

남은 몇 달을 어떻게 살 것인가 하는 문제는 내 선택에 달렸다. 나는 가급적 가장 풍요롭고, 깊이 있고, 생산적인 방식으로 살아야 한다. 내가 좋아하는 철학자 가운데 한 사람인 데이비드 흄의 말이 격려가 되는데, 그는 예순다섯 살에 자신이 곧 병으로 죽을 것이라는 사실을 알고 1776년 4월의 어느 날 하루 만에 짧은 자서전을 쓴 뒤 그 글에 《나의 생애》라는 제목을 붙였다.

흄은 이렇게 썼다. "이제 나는 빠르게 사멸할 것이다. 그동안 질병으로 인한 통증은 거의 느끼지 못했다. 그보다 더 이상한 사실은 육신이 병약해지는데도 기상은 한순간도 수그러들지 않았다는 점이다. 나는 공부할 때 전과 다름없이 열성적이고, 사람들을 만날 때 전과 다름없이 유쾌하다."

운 좋게도 나는 여든을 넘길 때까지 살았다. 흄에게 주어졌던 65년을 넘어서 내게 추가로 주어졌던 15년은 일에서도 사랑에서도 풍요로운 시간이었다. 나는 그동안 책을 다섯 권 냈고, 올봄에 출간될 자서전도 썼다(몇 쪽 되지 않는 흄의 것보다는 길다). 마무리가 거의 되어가는 다른 책도 몇 권 더 있다.

흄은 이어서 말했다. "나는 성격이 온건하고, 성질을 잘 다스리는 편이고, 개방적이고 사교적이고 쾌활하고 유머가 있으며, 애착을 느낄 줄 알지만 앙심은 거의 품지 않고, 어떤 열정에 대해서든 대단히 절제하는 사람이다."

이 대목에서 나는 흄과 조금 다르다. 나도 사랑과 우정의 관계를 즐겼으며 진짜 앙심이라고 할 만한 것은 품지 않았지만, 차마 내 입으로 (나를 아는 다른 누구라도 마찬가지일 것이다) 내가 성격이 온건하다고는 말할 수 없다. 오히려 나는 격정적인 사람이다. 격렬하게 열광하고, 어떤 열정에 대해서든 극단적으로 무절제한 사람이다.

그러나 흄의 에세이에서 발견한 다음 문장만큼은 내게도 정말 합당한 대목으로 느껴진다. "지금 나는 과거 어느 때보다도 삶에 초연하다."

지난 며칠 동안 나는 내 삶을 마치 높은 곳에서 내려다보는 것처럼, 일종의 풍경처럼 바라보게 되었다. 그리고 삶의 모든 부분들이 하나로 이어져 있다는 느낌을 더욱 절실히 받게 되었다. 그렇다고 해서 이제 내 삶에는 더 볼일이 없다는 말은 아니다.

오히려 나는 살아 있다는 감각을 더없이 강렬하게 느끼고 있다. 남은 시간 동안 우정을 더욱 다지고, 사랑하는 사람들에게 작별 인사를 하고, 글을 좀 더 쓰고, 그럴 힘이 있다면 여행도 하고, 새로운 수준의 이해와 통찰을 얻기를 희망하고 기대한다.

그러려면 나는 대담해야 하고, 분명해야 하고, 솔직해야 할 것이다. 세상과의 계산을 제대로 청산해야 할 것이다. 그러나 그와 더불어 내게는 약간의 재미를 누릴 시간도 (바보짓을 할 시간도) 있을 것이다.

갑자기 초점과 시각이 명료해진 것을 느낀다. 꼭 필요하지는 않은 것에 내줄 시간이 이제는 없다. 나 자신, 내 일, 친구들에게 집중해야 한다. 더는 매일 밤 〈뉴스아워〉를 시청하지 않을 것이다. 더는 정치나 지구온난화에 관련된 논쟁에 신경 쓰지 않을 것이다.

이것은 무관심이 아니라 초연이다. 나는 중동 문제, 지구온난화, 증대하는 불평등에 여전히 관심이 깊지만, 이런 것은 이제 내 몫이 아니다. 이런 것은 미래에 속한 일이다. 나는 재

능 있는 청년들을 만나면 흐뭇하다. 그들이 내 전이암을 생체 검사하고 진단한 사람들일지라도. 나는 미래가 든든하다고 느낀다.

나는 지난 10년가량 또래들의 죽음을 점점 더 많이 의식해왔다. 내 세대가 퇴장하고 있다고 느꼈다. 죽음 하나하나가 내게는 갑작스러운 분리처럼, 내 일부가 뜯겨 나가는 것처럼 느껴졌다. 우리가 다 사라지면, 우리 같은 사람들은 더는 없을 것이다. 하기야 어떤 사람이라도 그와 같은 사람은 둘이 없는 법이다. 죽은 사람들은 다른 사람들로 대체될 수 없다. 그들이 남긴 빈자리는 채워지지 않는다. 왜냐하면 저마다 독특한 개인으로 존재하고, 자기만의 길을 찾고, 자기만의 삶을 살고, 자기만의 죽음을 죽는 것이 우리 모든 인간들에게 주어진—유전적, 신경학적—운명이기 때문이다.

두렵지 않은 척하지는 않겠다. 하지만 내가 무엇보다 강하게 느끼는 감정은 고마움이다. 나는 사랑했고, 사랑받았다. 남들에게 많은 것을 받았고, 나도 조금쯤은 돌려주었다. 나는 읽고, 여행하고, 생각하고, 썼다. 세상과의 교제를 즐겼다. 특히 작가들과 독자들과의 특별한 교제를 즐겼다.

무엇보다 나는 이 아름다운 행성에서 지각 있는 존재이

자 생각하는 동물로 살았다. 그것은 그 자체만으로도 엄청난 특권이자 모험이었다.

깨어난 환자는 더 이상 자신의 병에 점유 혹은
선점당하지 않고 세상으로 향한다. 그는 간절히, 열심히,
사랑과 기쁨에 넘쳐 천진난만하게 세상에 귀를 기울인다.
그토록 오랜 세월 '잠들어' 차단당해 있었기에 더더욱 그렇다.
세계가 다시 근사하게 선명해진다.

*

《깨어남》에서

나의 주기율표

나는 매주 《네이처》나 《사이언스》 같은 과학 잡지가 도착하기를 열렬히, 거의 탐욕스럽게 기다린다. 그랬다가 받으면 곧장 물리학 관련 기사를 펼친다. 생물학이나 의학에 관련된 지면부터 봐야 하는 게 아닌가도 싶지만 그러지 않는다. 내가 어릴 때 처음 매혹된 것은 물리 과학이었다.

《네이처》 최근호에는 노벨 물리학상 수상자인 프랭크 윌첵이 쓴 흥분되는 기사가 실렸는데, 중성자와 양성자의 서로 살짝 다른 질량을 계산하는 새로운 방법을 알아냈다는 내용이었다. 새 계산법에 따르면 중성자가 양성자보다 아주 조금 더 무거운 것이 확실하다고 했다. 그 비는 939.56563대 938.27231이다. 사소한 차이라고 여기는 사람도 있겠지만, 이

비율이 지금과 조금이라도 달랐다면 우리가 아는 오늘날의 우주는 영영 생겨나지 않았을지도 모른다. 윌첵 박사는 우리가 이것을 계산할 수 있게 됨으로써 "앞으로 핵물리학의 정밀도와 범용성이 오늘날 원자물리학이 달성한 수준까지 높아질 것이라고 예측해봄 직하다"고 적었다. 혁명적인 일이다. 아, 그러나 나는 그 혁명을 볼 수 없을 것이다.

프랜시스 크릭은 이른바 '어려운 문제'가—뇌에서 어떻게 의식이 생겨나는가 하는 문제이다—2030년까지는 풀릴 것이라고 확신했다. 크릭은 내 동료인 신경과학자 랠프에게 "당신은 그 모습을 보게 될 겁니다"라고 말하곤 했다. 내게도 말했다. "올리버, 당신도 내 나이까지 산다면 볼 수 있을 겁니다." 크릭은 80대 후반까지 살았고, 마지막 순간까지도 의식에 관해서 연구하고 고민했다. 랠프는 쉰둘의 이른 나이에 죽었다. 그리고 지금 여든두 살인 나는 치료할 수 없는 병에 걸려 있다. 솔직히 나는 의식이라는 '어려운 문제'는 그다지 염려하지 않는다. 사실은 그게 문제라고도 생각지 않는다. 하지만 윌첵 박사가 마음에 그리는 새로운 핵물리학을 보지 못하리라는 것, 그 밖에도 물리학과 생물학에서 등장할 무수한 돌파구들을 보지 못하리라는 것은 슬프다.

★

 몇 주 전, 도시의 불빛으로부터 한참 떨어진 시골에서 밤하늘 가득히 (밀턴의 표현을 빌리자면) "가루처럼 별들이 흩뿌려진" 것을 보았다. 이런 밤하늘은 칠레의 아타카마 같은 고지대 사막에서나 볼 수 있는 것일 텐데 (그래서 그곳에는 세계에서 가장 강력한 망원경들이 설치되어 있다) 하는 생각이 들었다. 그 천상의 광휘를 보노라니 불현듯 이제 내게는 남은 시간과 남은 삶이 별로 없다는 깨달음이 다가왔다. 내 마음에는 천상의 아름다움과 영원함에 대한 감각이 삶의 덧없음에 대한 감각과 뗄 수 없이 얽혀 있다. 죽음에 대한 감각과도.

 나는 친구 케이트와 앨런에게 말했다. "죽어갈 때 저런 밤하늘을 다시 한번 볼 수 있으면 좋겠군."

 "우리가 휠체어로 밖으로 데려가 줄게." 친구들이 대답했다.

 지난 2월 내가 전이암에 걸렸다는 사실을 글로 밝힌 뒤, 나는 많은 위로를 받았다. 수백 통의 편지가 쏟아졌고, 그 많은 사람들이 애정과 감사를 표현했으며, 덕분에 나는 (이런저런 일들에도 불구하고) 어쩌면 내가 착하고 쓸모 있는 삶을 살았을지도 모르겠다는 기분에 휩싸였다. 모든 위로가 지금까지도 대단히 기쁘고 고맙다. 그렇기는 하지만, 그중 무엇도 별이 총총한 밤하늘만큼 내게 강하게 와닿은 일은 없었다.

나는 꼬마 때부터 상실에—소중한 사람들의 죽음에—대처하기 위해서 비인간적인 것으로 시선을 돌리는 법을 익혔다. 제2차 세계대전이 발발한 무렵 여섯 살 나이로 기숙학교에 보내졌을 때는 숫자가 내 친구가 되어주었다. 열 살에 런던으로 돌아온 뒤에는 원소들과 주기율표가 친구였다. 살면서 스트레스를 겪는 시기에 나는 늘 물리 과학에게로 향했다. 아니, 귀향했다. 생명이 없지만 죽음도 없는 세계로.

그리고 지금, 죽음이 더 이상 추상적인 개념이 아니라—너무도 가까이 느껴져서 외면할 길 없는—엄연한 현실로 느껴지는 인생의 현 단계에서 나는 다시 한번, 꼬마 때처럼 영원의 작은 상징들인 금속과 광물로 나 자신을 둘러싸고 있다. 내가 이 글을 쓰는 책상의 저쪽 끝에는 예쁜 상자에 담긴 81번 원소가 놓여 있다. 영국의 원소 친구들이 지난해 7월 내 여든한 살 생일 선물로 보내준 것이다. 상자에는 "탈륨 생일을 축하합니다"라고 적혀 있다. 얼마 전에 맞은 여든두 살 생일을 기념해 82번 원소 납에게 할당한 공간도 있다. 작은 납 상자도 하나 있는데, 그 속에는 90번 원소 토륨이 담겨 있다. 다이아몬드처럼 아름답고 물론 방사성이 있는—그래서 납 상자에 담아둬야 하는 것이다—토륨 결정이.

★

올해 초 암에 걸렸다는 사실을 알고 나서 몇 주 동안, 간이 반쯤 전이암에 잡아먹혔음에도 불구하고 나는 기분이 썩 괜찮았다. 2월에 간동맥으로 약물을 방울방울 주입해서 암을 다스리는 처치를 받았을 때는—'색전술'이라고 한다—두 주 정도 끔찍했지만 이후에는 육체적으로나 정신적으로나 에너지가 가득하여 엄청나게 괜찮았다(색전술로 종양은 거의 깨끗하게 제거했다). 일시적 소강기가 아니라 아예 휴지기를 허락받은 것 같았다. 우정을 다지고, 환자들을 만나고, 글을 쓰고, 고향 영국을 방문할 시간을. 그때 나를 만난 사람들은 내가 치명적인 상태라는 것을 못 믿겠다고 했고, 나도 내 상황을 쉽사리 간과하곤 했다.

그렇게 건강과 에너지가 넘치던 기분은 5월이 지나 6월로 접어들면서 잦아들었다. 그래도 여든두 살 생일은 근사하게 기념할 수 있었다(W. H. 오든은 생일에 대한 기분이 어떻든 간에 생일은 반드시 기념해야 한다고 말하곤 했다). 하지만 지금은 속이 메스껍고 식욕이 없다. 낮에는 선득하고 밤에는 식은땀이 난다. 무엇보다 노상 피곤하고, 무엇이든 조금이라도 지나치게 할라치면 갑자기 탈진한다. 아직 매일 수영을 하지만 요즘은 더 천천히 움직인다. 호흡이 약간 가빠진 걸 느끼기 때문이다. 지금까지는 외면할 수 있었지만, 이제는 내가 아프다는 것을 나도 안다. 7월 7일 CT 검사 결과 암이 간에서도 다시 자란 것은 물론이거니와 이제는 그 너머까지 번진 사실을 확인했다.

지난주에는 새로 면역요법을 받기 시작했다. 위험이 없지 않은 방법이지만, 덕분에 몇 달만이라도 좋은 시간을 좀 더 누릴 수 있으면 좋겠다. 그런데 나는 치료에 돌입하기 전에 재밌는 일을 좀 하고 싶었다. 노스캐롤라이나로 가서 듀크 대학교에 있는 근사한 여우원숭이 연구센터를 구경하는 것이다. 여우원숭이는 모든 영장류를 탄생시킨 계통과 근연 관계가 가까운 종이다. 5000만 년 전 내 조상이 나무에서 살아가는 작은 생물로서 오늘날의 여우원숭이와 크게 다르지 않은 존재

였을 것이라 상상하면 기분이 즐겁다. 나는 여우원숭이의 펄떡거리는 활력이 좋고, 호기심 많은 성격이 마음에 든다.

★

내 책상에서 납에게 할당된 동그라미 바로 옆자리는 비스무트의 땅이다. 호주에서 자연 상태로 발견된 비스무트도 있고, 볼리비아의 광산에서 날아온 작은 리무진 모양의 비스무트 덩어리들도 있고, 용융 상태에서 서서히 식어 아름다운 무지갯빛을 띠며 호피 원주민 마을처럼 층층이 테라스가 진 비스무트도 있고, 유클리드와 기하학의 아름다움을 보여주려는 듯이 원통과 구 모양을 한 비스무트도 있다.

비스무트는 83번 원소다. 나는 살아서 83번째 생일을 맞을 것 같지 않다. 그러나 주변에 온통 '83'이 널려 있는 것이 어쩐지 희망차게 느껴진다. 어쩐지 격려가 된다. 게다가 나는 금속을 사랑하는 사람들조차 눈길 주지 않고 무시하기 일쑤인 수수한 회색 금속 비스무트를 각별히 좋아한다. 의사로서 잘못된 취급을 받거나 하찮게 여겨지는 환자들에게 마음이 가는 내 성격은 무기물의 세계에까지 진출하여, 마찬가지로 여기에서도 비스무트에게 마음이 가고 마는 것이다.

내가 (84번째) 폴로늄 생일을 맞지 못할 것은 거의 확실하다. 강하고 살인적인 방사성을 띤 폴로늄을 주변에 놓아두고 싶은 마음도 없다. 하지만 한편으로 내 책상, 즉 나의 주기율표 반대쪽 끄트머리에는 아름답게 절삭된 (4번 원소) 베릴륨 조각이 놓여 있어 나의 어린 시절을 떠올리게 한다. 곧 끝날 내 인생이 얼마나 오래전에 시작된 것이었는지를.

여기서 내가 풀 수 없는, 그러나 기분 좋은 역설이 하나 있다. …
가장 인간적인 발명품인 언어는 이론적으로는
가능하지 않은 것을 가능하게 만들어준다.
언어가 있기에 우리 모두가, 그러니까 선천적으로
눈이 보이지 않는 사람까지도, 사람의 눈으로
세계를 볼 수 있지 않은가.

*

《마음의 눈》에서

어머니와 열일곱 명이나 되는 외삼촌과 이모들은 정통 유대교 교육을 받으며 자랐다. 사진 속 외할아버지는 늘 야물케yarmulke(정통파 유대인 남성이 늘 머리에 쓰고 있는 동그란 모자—옮긴이)를 쓴 모습이고, 전해 듣기로는 주무시다가도 야물케가 벗겨지면 깼다고 한다. 내 아버지도 정통 유대교 집안 출신이었다. 부모님은 두 분 모두 네 번째 계명을 ("안식일을 기억하여 거룩하게 지켜라") 깊이 새겼다. 안식일은 (우리 리투아니아계 유대인의 말로는 '사바스Sabbath'가 아니라 '샤보스Shabbos'였다) 주의 다른 날들과는 전혀 달랐다. 안식일에는 일을 해선 안 되고, 운전도 해선 안 되며, 전화를 써서도 안 되었다. 전등이나 난로를 켜는 것도 금지되었다. 부모님은 두 분다 의사였기 때문에 예외를 두기는 했다. 전화기를 아예 내려놓거나 운전을 전혀 안 할 수는 없었다. 꼭 필요하다면 환자를 보거나 수술을 하거나 아기를 받을 수 있어야 했다.

우리는 런던 북서부 크리클우드의 독실한 정통 유대인 마을에서 살았다. 정육점과 빵집, 식료품점, 청과물상, 생선가게는 모두 샤보스에 맞춰 문을 닫았고, 일요일 오전에야 다시 셔터를 열었다. 우리는 그 상인들도 다른 이웃들도 다들 우리 가족과 거의 같은 방식으로 샤보스를 기념하고 있을 것이라 생각했다.

금요일 정오쯤 되면 어머니는 외과 의사의 정체성과 복장을 벗어던지고 게필테피시gefilte fish(생선살을 다져 완자로 빚은 뒤 차게 먹는 유대 요리—옮긴이) 같은 샤보스 음식을 만드는 데 몰두했다. 어둠이 내리기 직전, 어머니는 의식용 초를 켜고 손바닥을 동그랗게 모아 불꽃을 감싸고는 나지막하게 기도문을 읊조렸다. 우리는 모두 깨끗하고 산뜻한 샤보스 의복을 갖춰 입고서 안식일의 첫 끼니로 저녁을 먹기 위해 둘러앉았다. 아버지는 은으로 만든 포도주 잔을 치켜든 채 축복의 말과 키두쉬Kiddush(포도주로 행하는 축복의 의식이자 그때 하는 말—옮긴이)를 읊었고, 식사 후에는 다 함께 감사 기도를 낭송하도록 이끌었다.

토요일 아침, 세 형과 나는 부모님을 따라 윔레인에 있는 크리클우드 시나고그synagogue(유대교인들의 기도와 예배를 위한 장소—옮긴이)로 향했다. 그곳의 거대한 시나고그는 1930년대에 이스트엔드에서 크리클우드로 집단 이주한 유대인 주민들을 수용하고자 지어진 것이었다. 내가 어렸을 때는 시나고그가 늘 꽉 찼다. 사람들마다 각자에게 주어진 자리가 있었는데, 남자들은 아래층이었고 여자들은—어머니는 물론, 이모들과 여자 사촌들도—위층이었다. 어린 꼬마였던 나는 예배 중에 가끔 그들에게 손을 흔들었다. 나는 기도책에 적힌 히브리어를 읽을 줄 몰랐지만, 그래도 사람들이 그것을 읊는 소리가 좋았고, 음악성이 뛰어났던 하잔hazan(유대 예배를 인도하는 합창 지휘자—옮긴이)의 인도에 따라 사람들이 오래된 중세 기도를 노래할 때가 특히 좋았다.

예배 후 사람들은 시나고그 밖에서 뒤섞여 인사를 나눴다. 우리 가족은 보통 플로리 이모와 세 딸이 사는 집으로 걸어가서 달콤한 적포도주와 벌꿀 케이크를 점심 식욕을 자극할 정도로만 곁들이며 키두쉬를 나누었다. 그러고는 집에 와서 찬 음식으로만—게필테피시, 데친 연어, 비트로 만든 젤

리―점심을 먹었고, 응급 호출이 부모님을 방해하지만 않는다면 토요일 오후는 온전히 친척들을 만나는 데 할애했다. 삼촌들과 이모들, 사촌들이 우리 집으로 와서 차를 마시거나 우리가 그들을 찾아갔다. 우리는 다들 걸어서 닿을 수 있는 거리에 살고 있었다.

★

크리클우드의 유대인 공동체 인구는 제2차 세계대전으로 격감했다. 영국 전체의 유대인 인구도 전후 수천 명이 줄었다. 내 사촌들을 포함해 많은 유대인이 이스라엘로 이주했고, 어떤 사람들은 호주나 캐나다, 미국으로 이주했다. 맏형 마커스는 1950년 호주로 떠났다. 남은 사람들은 영국 사회에 동화되어 희석되고 약화된 형태의 유대교를 따르는 경우가 많았다. 어릴 적에 수용 한계치까지 꽉꽉 들어찼던 우리 시나고그는 해가 갈수록 비어갔다.

1946년 나는 비교적 꽉 찬 시나고그에서 친척 수십 명과 함께 바르 미츠바Bar Mitzvah(유대교에서 남자아이가 13세가 되면 행하는 성인식으로 예배에서 그날의 기도문을 읽는다―옮긴이)

낭독을 했다. 그러나 내게는 그것이 공식적인 유대교 의식의 마지막이었다. 나는 성인 유대교 신자의 의례적 의무를—가령 매일 기도하는 것, 평일 아침 기도하기 전에 몸에 테필린 tefillin(이마와 팔에 가죽 끈으로 매다는 작은 성물함—옮긴이)을 두르는 것—따르지 않았고, 부모님의 신앙과 습관에도 차츰 무심해졌다. 그 과정에서 딱히 결정적인 단절의 계기 같은 것은 없었다. 하지만 내가 열여덟 살이 되었을 때 일이 벌어졌다. 아버지가 내 성적인 감정을 캐물으면서 남자를 좋아한다는 사실을 털어놓도록 몰아붙였던 것이다.

"아무 짓도 한 건 없어요." 나는 말했다. "그냥 감정뿐이에요. 하지만 엄마한텐 말하지 마세요. 엄마는 받아들이지 못할 거예요."

아니나 다를까, 아버지는 어머니에게 곧장 말했다. 이튿날 아침, 어머니는 경악스러운 표정으로 내려와 날카로운 목소리로 말했다. "혐오스러운 것. 너는 태어나지 말았어야 했어." (어머니는 틀림없이 레위기의 이 구절을 떠올렸을 것이다. "누구든 여자와 한자리에 들듯이 남자와 한자리에 든 자가 있으면 두 사람은 혐오스러운 짓을 한 것이니, 그들은 반드시 죽임을 당할 것이고 피를 흘려야 마땅할 것이니라.")

우리는 그 문제를 두 번 다시 언급하지 않았지만 어머니의 가혹한 말은 내게 종교가 얼마나 편협하고 잔인할 수 있는지를 깨닫게 해주었다.

나는 1960년에 의사 자격을 획득한 뒤 급작스럽게 영국을, 그리고 영국에 있던 가족과 공동체를 떠나 아는 사람 하나 없는 신대륙으로 향했다. 로스앤젤레스로 간 나는 머슬비치의 역도 선수들, 그리고 캘리포니아 대학교 로스앤젤레스 캠퍼스 신경학과의 동료 레지던트들 사이에서 나름의 공동체를 찾았다. 그러나 나는 내심 삶에서 그보다 더 깊은 관계를—'의미'를—갈망했다. 그리고 아마 그것이 없었기 때문에 1960년대에 자살에 가까울 정도로 암페타민에 중독되었던 게 아닐까 싶다.

회복은 더디게 진행됐다. 뉴욕 브롱크스의 만성질환 병원에서 의미 있는 일을 찾은 게 계기였다(《깨어남》에서 '마운트카멜' 병원이라고 말한 곳이다). 나는 그곳 환자들에게 매혹되었고, 그들에게 깊이 마음을 썼으며, 그들의 이야기를 세상에 들려주는 것이 내 사명이라고 느꼈다. 일반 대중, 나아가 동료 의사들 중에서도 많은 수는 전혀 모르는 것이나 다름없고 상상조차 하지 못하는 상황들에 대한 이야기를. 나는 소명을 발견했고, 그것을 집요하게, 일편단심으로, 동료들의 격려는 별로 받지 못한 채로 추구했다. 그러다 보니 거의 부지불식간에 나는 의학적 내러티브가 거의 멸종한 시대의 이야기꾼이 되어 있었다. 그러나 시대가 그렇다는 사실이 나를 단념시키지는 못했다. 왜냐하면 나는 스스로가 19세기의 위대한 신경학 사례 연구들에 뿌리를 두고 있다고 느꼈기 때문이다(이 점에서 위대한 러시아 신경심리학자 A. R. 루리아는 내게 격려가 되었다). 이후 내가 오랫동안 이어갈 생활은 외롭지만 대단히 만족스러운, 거의 수도사 같은 존재 양식이었다.

★

그러다 1990년대 들어 나는 동년배의 사촌 로버트 존 아우만을 알게 됐다. 그는 운동선수 같은 건장한 체격에 희고 긴 턱수염을 기른 눈에 띄는 외모로, 예순 살밖에 되지 않았는데도 그 때문에 꼭 고대의 현자처럼 보였다. 그는 대단한 지적 능력과 더불어 훌륭한 인간적 온기와 다정함 그리고 종교적 헌신을 가진 사람이었다. 실제로 '헌신'은 그가 가장 좋아하는 단어 가운데 하나다. 그는 일에서는 경제학과 인간사의 합

리성을 옹호하는 입장이지만, 마음에서는 이성과 신앙이 전혀 충돌하지 않는다.

그는 현관문에 메주자mezuzah(성경 구절이 쓰인 양피지를 넣은 길쭉한 통으로, 유대인의 집임을 알리는 의미에서 문설주에 붙여 둔다—옮긴이)를 달아둬야 한다고 우기면서 내게 줄 것을 이스라엘에서 하나 가져왔다. "자네가 안 믿는다는 건 알아. 그래도 어쨌든 하나 갖고 있어야 해." 그가 말했다. 나는 구태여 입씨름하지 않았다.

2004년 로버트 존은 흥미로운 인터뷰를 통해 수학과 게임 이론 분야에서 평생 해온 연구를 이야기하면서 자기 가족에 대해서도 언급했다. 서른 명에 가까운 자녀와 손주들을 죄다 끌고서 스키나 등산 여행을 간다는 얘기도 하고(코셔kosher[유대 율법이 명하는 음식 관련 지침들을 지키는 요리를 가리키는 표현—옮긴이] 요리사가 소스팬을 싸 짊어지고 따라간다고 했다), 자신에게 안식일이 얼마나 중요한가 하는 언급도 했다.

그는 이렇게 말했다. "안식일 준수는 아주 아름다운 행위입니다. 그것은 종교적인 사람이 아니고서는 불가능한 일이죠. 그것은 단지 사회를 향상시키는 일 따위가 아닙니다. 자신의 삶을 질적으로 향상시키는 시간입니다."

2005년 12월 로버트 존은 지난 50년 동안 경제학에서 근본적인 연구를 해온 대가로 노벨상을 받았다. 그는 노벨위원회에게 쉽지 않은 손님이었을 것이다. 그는 수많은 자녀와 손주들까지 거느리고서 스톡홀름으로 갔고, 그들 모두를 위해 특수한 코셔 식기와 음식은 물론이거니와 모직과 리넨을 섞어 쓰지 말라는 성경 말씀에 따라 특수하게 제작된 예복을 준비해야 했기 때문이다.

바로 그달에 나는 한쪽 눈에 암이 발생한 것을 발견했다. 치료를 위해 다음 달 병원에 입원했을 때 로버트 존이 문병을 왔다. 그는 노벨상과 스톡홀름에서 열린 시상식에 관해서 흥미진진한 이야기를 잔뜩 풀어놓았는데, 그러면서도 만에 하나 토요일에 스톡홀름에 가야 하는 상황이었다면 상을 거절했을 것이라는 말을 덧붙이기를 잊지 않았다. 안식일이 부여하는 완벽한 평화, 세상사로부터의 거리 두기에 대한 그의 헌신은 노벨상도 마다할 정도였던 것이다.

★

1955년 스물두 살이었던 나는 이스라엘에 가 몇 달 동안 키부츠에서 일한 적이 있었다. 그때는 즐거웠지만, 다시 가지는 않겠다고 결심했다. 아주 많은 사촌들이 그곳으로 이주해서 살고 있었음에도 불구하고 내게는 중동의 정치 상황이 심란하게 느껴졌고, 독실한 종교적 사회에 내가 어울리지 않을 것이라고 짐작했다. 그러나 2014년 봄 사촌 마저리가—한때 내 어머니의 제자로서 의사였던 마저리는 아흔여덟 살까지 일했다—죽어간다는 소식을 듣고 나는 작별 인사를 위해 예루살렘으로 전화를 걸었다. 뜻밖에도 그녀의 목소리는 강건하고 낭랑했다. 내 어머니를 쏙 빼닮은 억양이었다. 그녀가 말했다. "지금 당장 죽을 마음은 없어. 6월 18일 내 백 살 생일은 치러야지. 너도 올래?"

나는 대답했다. "그럴게요!" 전화를 끊자, 60년 가까이 고수해온 결심을 몇 초 만에 뒤집었다는 데 생각이 미쳤다. 그러나 어차피 그것은 순수한 가족 방문이었다. 나는 마저리의 100세 생일을 그녀와 그녀의 대가족과 함께 축하했다. 런던 시절에 친하게 지냈던 사촌을 두 명 더 만났고, 육촌이나 그보다 더 먼 친척은 셀 수도 없이 많이 만났으며, 물론 로버트 존도 만났다. 나는 유년기 이래 알지 못했던 방식으로 가족의 품에 안기는 기분이 들었다.

솔직히 나는 연인 빌리와 함께 정통 유대교 친척들을 찾아가는 것에 대해 다소 걱정하고 있었다. 어머니 말이 여태 머릿속에서 울리고 있었던 것이다. 하지만 그들은 빌리도 따뜻하게 환영해주었다. 정통 유대교 신자들 사이에서도 태도가 얼마나 크게 바뀌었는가 하는 것은 로버트 존이 빌리와 내게 안식일을 여는 첫 식사를 자신의 가족과 함께하자고 초대한 것만 봐도 알 수 있었다.

그날 안식일의 평화, 세상이 멈춘 평화, 시간 밖의 시간이 주는 평화는 꼭 손에 잡힐 듯했다. 주변 모든 것에 평화가 스며 있었다. 나는 어쩐지 노스탤지어에 가까운 애석한 감정에 젖어서 자꾸 '만약에'를 떠올렸다. 만약에 A와 B와 C가 달랐더라면 어땠을까? 만약에 그랬다면 나는 어떤 사람이 되었을까? 어떤 삶을 살았을까?

2014년 12월, 나는 자서전 《온 더 무브》의 원고를 마무리해 출판사에 넘겼다. 그때만 해도 불과 며칠 후 내가, 9년 전 눈에 발생했던 흑색종으로 인한 전이암에 걸린 사실을 알게 될 거라곤 꿈에도 생각지 못했다. 나는 그 사실을 알기 전에 자서전을 마무리한 것이 기쁘다. 그리고 평생 처음으로 세상을 숨김없이 마주해서 내 내면에 죄책감 어린 비밀을 가둬두지 않은 채, 나의 성적 취향까지 솔직하게 밝힐 수 있었던 것이 기쁘다.

　2월이 되자 암에 대해서도, 내가 죽어가고 있다는 사실에 대해서도 마찬가지로 솔직하게 털어놓아야겠다는 생각이 들었다. 그 이야기를 쓴 글 '나의 생애'가 〈뉴욕타임스〉에 실리던 날 나는 병원에 있었다. 7월에도 같은 매체에 글을 썼다. '나의 주기율표'는 물리적 우주에 대해서, 또한 내가 사랑하는 원소들에 대해서 이야기한 글이다.

　그리고 이제 쇠약해지고, 호흡이 가빠지고, 한때 단단했던 근육이 암에 녹아버린 지금, 나는 갈수록 초자연적인 것이나 영적인 것이 아니라 훌륭하고 가치 있는 삶이란 무엇인가 하는 문제로 생각이 쏠린다. 자신의 내면에서 평화를 느낀다는 게 무엇인가 하는 문제로. 안식일, 휴식의 날, 한 주의 일곱 번째 날, 나아가 한 사람의 인생에서 일곱 번째 날로 자꾸만 생각이 쏠린다. 우리가 자신이 할 일을 다 마쳤다고 느끼면서 떳떳한 마음으로 쉴 수 있는 그날로.

우리는 글 쓰는 과정에 대해서도 자주 이야기했는데
글이 휘몰아치는 시기든 막히는 시기든,
빛이 보이는 순간이든 암흑뿐인 순간이든
다 창조 과정의 본질임을 공감했다.

★

《온 더 무브》에서

옮긴이의 말

★

내 작은 서가의 올리버

내 작은 서가에는 올리버 색스의 책만을 모아둔 공간이 있다. 우리 시대에 제일 사랑받은 신경과 의사이자 작가였던 색스의 책 10여 권이 모두 우리말로 번역되었다는 것은 생각할수록 고마운 일이다. 그리고 이제 그 칸의 맨 끝에, 이 얇은 책을 꽂는다.

색스는 여든 인생을 회고한 자서전을 마무리한 직후 불치병 진단을 받았다. 이 책에 실린 글들은 그 후에 쓰였는데, 그 사정은 케이트 에드거와 빌 헤이스의 서문에 잘 나와 있다. 빌 헤이스는 색스와 말년을 함께한 연인이었고, 케이트 에드거는 오랫동안 색스의 집필을 거든 개인 편집자 겸 비서였다. 색스는 이들의 보살핌을 받으면서 생애 마지막 글을 썼고, 이제 남은 두 사람이 그를 대신해 독자들에게 건네는 마지막 선물과도 같은 이 책을 묶어 낸 것이다.

마지막 선물치고는 너무 얇은 책을 손에 쥐면, 부질없는 상상인 줄 알지만 묻지 않을 수 없다. 그에게 시간이 좀 더 있었다면 어땠을까? 색스는 2014년 12월에 진단을 받고 2015년 8월에 사망했으니 삶을 정리할 시간이 꼭 8개월 있었다. 다만 2, 3년이라도 더 시간이 주어졌더라면 그는 어떤 글을 남겼을까? 질병의 의학적 드라마와 인간적 드라마를 하나로 엮어 인간 존재의 특수하고 보편적인 측면을 동시에 보여주었던 그답게, 쇠락해가는 자신의 육체와 정신을 마치 제3자처럼 의사의 눈으로 관찰해 분석하는 동시에 여느 때처럼 유머와 지적인 낙관으로 노년기의 변화에 적응하려 노력하는 자기 이야기를 들려주지 않았을까? 의학의 시인으로 불렸던 그가 쓴 노년과 죽음의 책을 볼 기회가 없다니, 이미 존재했던 책을 잃어버리기라도 한 것처럼 원망스럽다.

그러나 그가 8개월간 쓸 수 있었던 최선의 결과인 이 책에서 우리는 쓰이지 않은 이야기까지 충분히 읽어낼 수 있다. 시간이 얼마 남지 않았기에 중요하지 않은 것에는 단어 하나 쓸 여유도 없어 정제하고 또 정제한 문장들에는, 죽음을 앞두고 두려움과 아쉬움을, 무엇보다 감사를 느끼는 한 인간의 모습이 따뜻하게 담겨 있다.

혹시 이 책으로 작가 올리버 색스를 처음 만나는 독자가 있다면, 그는 운이 좋다. 여기에 짧게만 언급된 일화들이 모두 제각각 한 권의 책으로 쓰여 있으니 앞으로 읽을 목록이 넘치기 때문이다. 그가 마흔 살에 죽을 줄 알았다는 이야기가 궁금하다면 《나는 침대에서 내 다리를 주웠다》를 펼치면 되고, 암페타민 중독에서 벗어난 계기였다는 병원 이야기는 《깨어남》에 담겨 있으며, 화학 주기율표에 대한 사랑 고백은 《엉클 텅스텐》에서 더 읽을 수 있다. 물론 이 책의 전편 혹은 본론 격인 자서전 《온 더 무브》도 빼놓을 수 없다.

그리고 이미 색스를 좋아하던 독자에게는… 글쎄, 별다른 말이 필요하지 않을 듯하다. 나는 많은 독자들이 나처럼 색스의 책이 여럿 꽂힌 책장에 이 책을 살며시 끼워두는 모습을 떠올릴 수 있다. 그것은 색스가 인생에서 가장 즐거운 일이었다고 말한 '독자들과의 특별한 교제'가 완성되는 모습이다. 그리고 우리는, 역시 색스의 말을 빌리자면 "이 아름다운 행성에서 지각 있는 존재이자 생각하는 동물로 살면서" 이런 작가와 교제를 나눌 수 있었던 우리의 시간이 "그 자체만으로도 엄청난 특권이자 모험"임을 느낄 수 있다.

    평생 아름다운 만년필 글씨로 일기 1000여 권과 그보다 많은 편지를 썼던 색스가 남긴 이 마지막 글들은 그가 세상과 우리에게 보내는 작별의 편지들이다. 나는 아마 나란히 꽂힌 그의 책들 중에서도 이 작은 책을 가장 자주 떠올릴 것이다. 시간이 흘러도 그럴 것이다. 아니, 세월이 흘러 내가 나이 들수록 점점 더 그럴 것이다.

___ 옮긴이 김명남

우리는 자신의 속도와 시간에 얽매여 있음에도 불구하고,
상상력을 통해 모든 속도와 시간을 넘볼 수 있게 되었다.

★

《의식의 강》에서

Gratitude

**I am now face to face with dying,
but I am not finished with living.**

Foreword

In this quartet of essays, written in the last two years of his life, Oliver Sacks faces aging, illness, and death with remarkable grace and clarity. The first essay, "Mercury," written in one sitting just days before his eightieth birthday in July 2013, celebrates the pleasures of old age—without dismissing the frailties of body and mind that may come with it.

Eighteen months later, shortly after completing a final draft of his memoir *On the Move*, Dr. Sacks learned that the rare form of melanoma in his eye, first diagnosed in 2005, had metastasized to his liver. There were very few treatment options for this particular type of cancer, and his physicians prognosticated that he might have as little as six months to live. Within days he had completed the essay "My Own Life," in which he expressed his overwhelming feeling of appreciation for a life well lived. And yet he hesitated to publish this immediately: Was it premature? Did he want to go public with the news of his terminal illness? A month later, literally as he entered surgery for a treatment that would give him several extra months of active life, he asked to have the essay sent to *The New York Times*, where it was published the next day. The enormous and sympathetic reaction to "My Own Life" was immensely gratifying to him.

In May, June, and early July of 2015, he enjoyed relative good health—writing, swimming, playing piano, and traveling. He wrote several essays during this period, including "My Periodic Table," in which he reflects on his lifelong love for the periodic table of the elements and on his own mortality.

By August, Dr. Sacks' health was declining rapidly, but he devoted his last energies to writing. The final piece in this book, "Sabbath," was particularly important to him, and he went over every word of the essay time and again, distilling it to its essence. It was published two weeks before his death on August 30, 2015.

—— Kate Edgar and Bill Hayes

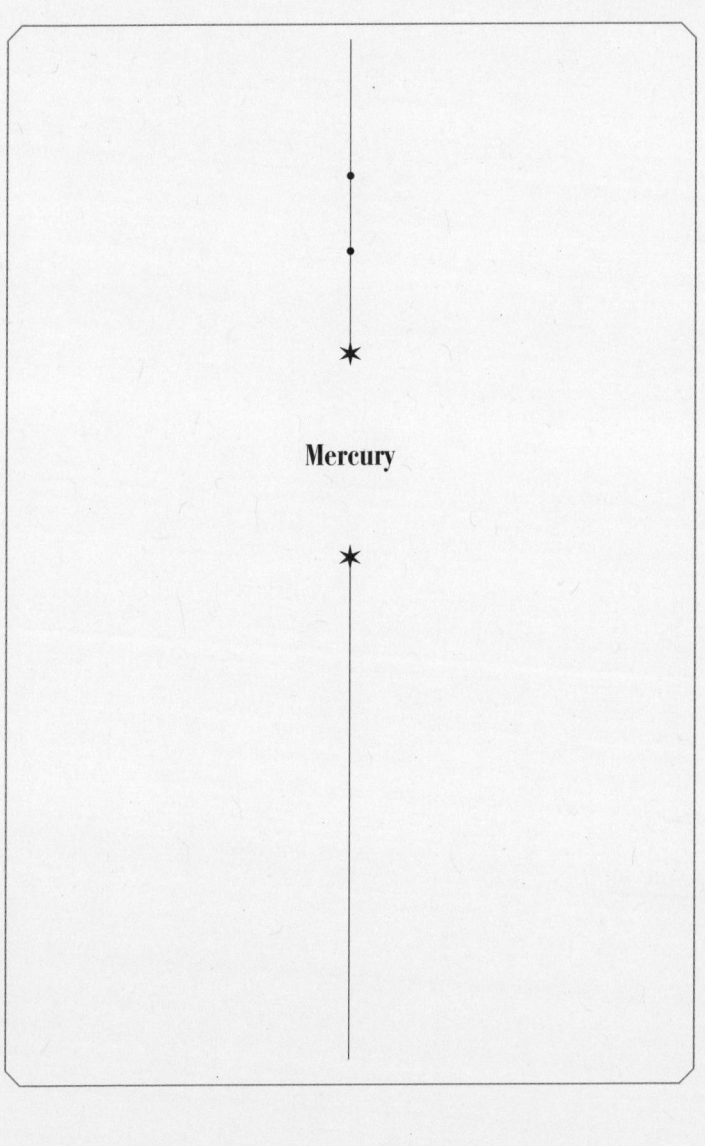

Mercury

Last night I dreamed about mercury—huge, shining globules of quicksilver rising and falling. Mercury is element number 80, and my dream is a reminder that on Tuesday, I will be eighty myself.

Elements and birthdays have been intertwined for me since boyhood, when I learned about atomic numbers. At eleven, I could say "I am sodium" (element 11), and now at seventy-nine, I am gold. A few years ago, when I gave a friend a bottle of mercury for his eightieth birthday—a special bottle that could neither leak nor break—he gave me a peculiar look, but later sent me a charming letter in which he joked, "I take a little every morning for my health."

Eighty! I can hardly believe it. I often feel that life is about to begin, only to realize it is almost over. My mother was the sixteenth of eighteen children; I was the youngest of her four sons, and almost the youngest of the vast cousinhood on her side of the family. I was always the youngest boy in my class at high school. I have retained this feeling of being the youngest, even though now I am almost the oldest person I know.

I thought I would die at forty-one, when I had a bad fall and broke a leg while mountaineering alone. I splinted the leg as best I could and started to lever myself down the mountain, clumsily, with my arms. In the long hours that followed, I was assailed by memories, both good and bad. Most were in a mode of gratitude—gratitude for what I had been given by others, gratitude too that I had been able to give something back. *Awakenings*, my second book, had been published the previous year.

At nearly eighty, with a scattering of medical and surgical problems, none disabling, I feel glad to be alive—"I'm glad

I'm not dead!" sometimes bursts out of me when the weather is perfect. (This is in contrast to a story I heard from a friend who, walking with Samuel Beckett in Paris on a perfect spring morning, said to him, "Doesn't a day like this make you glad to be alive?" to which Beckett answered, "I wouldn't go as far as that.") I am grateful that I have experienced many things—some wonderful, some horrible—and that I have been able to write a dozen books, to receive innumerable letters from friends, colleagues, and readers, and to enjoy what Nathaniel Hawthorne called "an intercourse with the world."

I am sorry I have wasted (and still waste) so much time; I am sorry to be as agonizingly shy at eighty as I was at twenty; I am sorry that I speak no languages but my mother tongue and that I have not traveled or experienced other cultures as widely as I should have done.

I feel I should be trying to complete my life, whatever "completing a life" means. Some of my patients in their nineties or hundreds say *nunc dimittis*—"I have had a full life, and now I am ready to go." For some of them, this means going to heaven—it is always heaven rather than hell, though Samuel Johnson and James Boswell both quaked at the thought of going to hell and got furious with David Hume, who entertained no such beliefs. I have no belief in (or desire for) any postmortem existence, other than in the memories of friends and the hope that some of my books may still "speak" to people after my death.

W. H. Auden often told me he thought he would live to eighty and then "bugger off" (he lived only to sixty-seven). Though it is forty years since his death, I often dream of him, and of my parents and of former patients—all long gone but loved and important in my life.

At eighty, the specter of dementia or stroke looms. A third of one's contemporaries are dead, and many more, with profound mental or physical damage, are trapped in a tragic and minimal existence. At eighty, the marks of decay are all too visible. One's reactions are a little slower, names more frequently elude one, and one's energies must be husbanded, but even so, one may often feel full of energy and life and not at all "old." Perhaps, with luck, I will make it, more or less intact, for another few years and be granted the liberty to continue to love and work, the two most important things, Freud insisted, in life.

When my time comes, I hope I can die in harness, as Francis Crick did. When he was told that his colon cancer had returned, at first he said nothing; he simply looked into the distance for a minute and then resumed his previous train of thought. When pressed about his diagnosis a few weeks later, he said, "Whatever has a beginning must have an ending." When he died, at eighty-eight, he was still fully engaged in his most creative work.

My father, who lived to ninety-four, often said that the eighties had been one of the most enjoyable decades of his life. He felt, as I begin to feel, not a shrinking but an enlargement of mental life and perspective. One has had a long experience of life, not only one's own life, but others' too. One has seen triumphs and tragedies, booms and busts, revolutions and wars, great achievements and deep ambiguities too. One has seen grand theories rise, only to be toppled by stubborn facts. One is more conscious of transience and, perhaps, of beauty. At eighty, one can take a long view and have a vivid, lived sense of history not possible at an earlier age. I can imagine, feel in my bones, what a century is like, which I could not do when I was forty or sixty. I do not think of old age as an ever grimmer time that one must somehow endure and make the best of, but as a time of leisure and freedom, freed from the factitious urgencies of earlier days, free to explore whatever I wish, and to bind the thoughts and feelings of a lifetime together.

I am looking forward to being eighty.

We occasionally talked about the process of writing,
the rushes and stoppages, the illuminations and darknesses,
which seemed to be part and parcel of the creative process.

✶

On the Move

My Own Life

A month ago, I felt that I was in good health, even robust health. At eighty-one, I still swim a mile a day. But my luck has run out—a few weeks ago I learned that I have multiple metastases in the liver. Nine years ago it was discovered that I had a rare tumor of the eye, an ocular melanoma. The radiation and lasering to remove the tumor ultimately left me blind in that eye. But though ocular melanomas metastasize in perhaps fifty percent of cases, given the particulars of my own case, the likelihood was much smaller. I am among the unlucky ones.

I feel grateful that I have been granted nine years of good

health and productivity since the original diagnosis, but now I am face-to-face with dying. The cancer occupies a third of my liver, and though its advance may be slowed, this particular sort of cancer cannot be halted.

It is up to me now to choose how to live out the months that remain to me. I have to live in the richest, deepest, most productive way I can. In this I am encouraged by the words of one of my favorite philosophers, David Hume, who, upon learning that he was mortally ill at age sixty-five, wrote a short autobiography in a single day in April of 1776. He titled it "My Own Life."

"I now reckon upon a speedy dissolution," he wrote. "I have suffered very little pain from my disorder; and what is more strange, have, notwithstanding the great decline of my person, never suffered a moment's abatement of my spirits … I possess the same ardour as ever in study, and the same gaiety in company."

I have been lucky enough to live past eighty, and the fifteen years allotted to me beyond Hume's three score and five have been equally rich in work and love. In that time, I have published five books and completed an autobiography (rather longer than Hume's few pages); I have several other books nearly finished.

Hume continued, "I am ... a man of mild dispositions, of command of temper, of an open, social, and cheerful humour, capable of attachment, but little susceptible of enmity, and of great moderation in all my passions."

Here I depart from Hume. While I have enjoyed loving relationships and friendships and have no real enmities, I cannot say (nor would anyone who knows me say) that I am a man of mild dispositions. On the contrary, I am a man of vehement disposition, with violent enthusiasms, and extreme immoderation in all my passions.

And yet, one line from Hume's essay strikes me as especially true: "It is difficult," he wrote, "to be more detached from life than I am at present."

Over the last few days, I have been able to see my life as from a great altitude, as a sort of landscape, and with a deepening sense of the connection of all its parts. This does not mean I am finished with life. On the contrary, I feel intensely alive, and I want and hope in the time that remains to deepen my friendships, to say farewell to those I love, to write more, to travel if I have the strength, to achieve new levels of understanding and insight.

This will involve audacity, clarity, and plain speaking; trying to straighten my accounts with the world. But there will be time too for some fun (and even some silliness, as well).

I feel a sudden clear focus and perspective. There is no time for anything inessential. I must focus on myself, my work, and my friends. I shall no longer look at the *NewsHour* every night. I shall no longer pay any attention to politics or arguments about global warming.

This is not indifference but detachment—I still care deeply about the Middle East, about global warming, about growing inequality, but these are no longer my business; they belong to the future. I rejoice when I meet gifted young people—even the one who biopsied and diagnosed my metastases. I feel the future is in good hands.

I have been increasingly conscious, for the last ten years or so, of deaths among my contemporaries. My generation is on the way out, and each death I have felt as an abruption, a tearing away of part of myself. There will be no one like us when we are gone, but then there is no one like anyone else, ever. When people die, they cannot be replaced. They leave holes that cannot be filled, for it is the fate—the genetic and neural fate—of every human being to be a unique individual, to find his own path, to live his own life, to die his own death.

I cannot pretend I am without fear. But my predominant feeling is one of gratitude. I have loved and been loved; I have been given much and I have given something in return; I have read and traveled and thought and written. I have had an intercourse with the world, the special intercourse of writers and readers.

Above all, I have been a sentient being, a thinking animal, on this beautiful planet, and that in itself has been an enormous privilege and adventure.

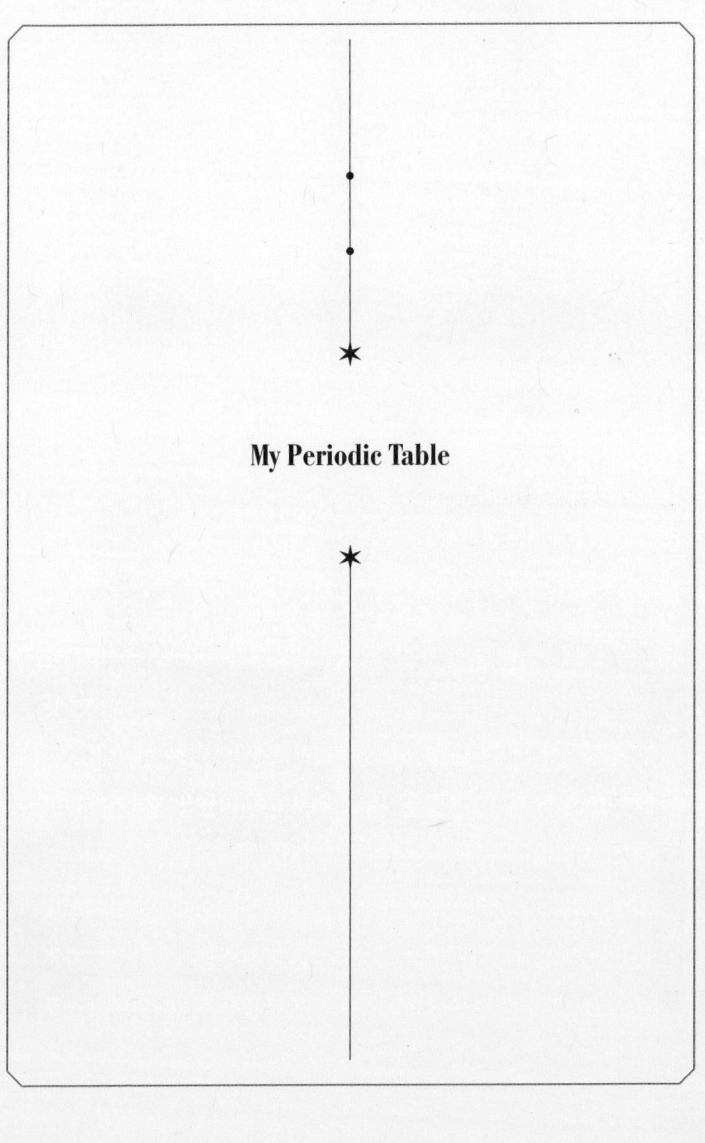

My Periodic Table

I look forward eagerly, almost greedily, to the weekly arrival of journals like *Nature* and *Science*, and turn at once to articles on the physical sciences—not, as perhaps I should, to articles on biology and medicine. It was the physical sciences that provided my first enchantment as a boy.

In a recent issue of *Nature*, there was a thrilling article by the Nobel Prize–winning physicist Frank Wilczek on a new way of calculating the slightly different masses of neutrons and protons. The new calculation confirms that neutrons are very slightly heavier than protons, the ratio of their masses being 939.56563 to 938.27231—a trivial difference, one might think, but if it were otherwise the universe as we know it could never have developed. The ability to calculate this, Dr. Wilczek wrote, "encourages us to predict a future in which nuclear physics reaches the level of precision and versatility that atomic physics has already achieved"—a revolution that, alas, I will never see.

Francis Crick was convinced that "the hard problem"—understanding how the brain gives rise to consciousness—would be solved by 2030. "You will see it," he often said to my neuroscientist friend Ralph, "and you may too, Oliver, if you live to my age." Crick lived to his late eighties, working and thinking about consciousness till the last. Ralph died prematurely, at age fifty-two, and now I am terminally ill, at the age of eighty-two. I have to say that I am not too exercised by "the hard problem" of consciousness—indeed, I do not see it as a problem at all; but I am sad that I will not see the new nuclear physics that Dr. Wilczek envisages, nor a thousand other breakthroughs in the physical and biological sciences.

✶

A few weeks ago, in the country, far from the lights of the city, I saw the entire sky "powdered with stars" (in Milton's words); such a sky, I imagined, could be seen only on high, dry plateaus like that of Atacama in Chile (where some of the world's most powerful telescopes are). It was this celestial splendor that suddenly made me realize how little time, how little life, I had left. My sense of the heavens' beauty, of eternity, was inseparably mixed for me with a sense of transience—and death.

I told my friends Kate and Allen, "I would like to see such a sky again when I am dying."

"We'll wheel you outside," they said.

I have been comforted, since I wrote in February about having metastatic cancer, by the hundreds of letters I have received, the expressions of love and appreciation, and the sense that (despite everything) I may have lived a good and useful life. I remain very glad and grateful for all this—yet none of it hits me as did that night sky full of stars.

I have tended since early boyhood to deal with loss—losing people dear to me—by turning to the nonhuman. When I was sent away to a boarding school as a child of six, at the outset of the Second World War, numbers became my friends; when I returned to London at ten, the elements and the periodic table became my companions. Times of stress throughout my life have led me to turn, or return, to the physical sciences, a world where there is no life, but also no death.

And now, at this juncture, when death is no longer an abstract concept, but a presence—an all-too-close, not-to-be-denied presence—I am again surrounding myself, as I did when I was a boy, with metals and minerals, little emblems of eternity. At one end of my writing table, I have element 81 in a charming box, sent to me by element-friends in England: It says, "Happy Thallium Birthday," a souvenir of my eighty-first birthday last July; then, a realm devoted to lead, element

82, for my just celebrated eighty-second birthday earlier this month. Here too is a little lead casket, containing element 90, thorium, crystalline thorium, as beautiful as diamonds, and, of course, radioactive—hence the lead casket.

At the start of the year, in the weeks after I learned that I had cancer, I felt pretty well, despite my liver being half-occupied by metastases. When the cancer in my liver was treated in February by the injection of tiny beads into the hepatic arteries—a procedure called embolization—I felt awful for a couple of weeks but then super-well, charged with physical and mental energy. (The metastases had almost all been wiped out by the embolization.) I had been given not a remission, but an intermission, a time to deepen friendships, to see patients, to write, and to travel back to my homeland, England. People could scarcely believe at this time that I had a terminal condition, and I could easily forget it myself.

This sense of health and energy started to decline as May moved into June, but I was able to celebrate my eighty-second birthday in style. (Auden used to say that one should always celebrate one's birthday, no matter how one felt.) But now, I have some nausea and loss of appetite; chills in the day, sweats at night; and, above all, a pervasive tiredness, with sudden exhaustion if I overdo things. I continue to swim daily, but more slowly now, as I am beginning to feel a little short of breath. I could deny it before, but I know I am ill now. A CT scan on July 7 confirmed that the metastases had not only regrown in my liver but had now spread beyond it as well.

I started a new sort of treatment—immunotherapy—last week. It is not without its hazards, but I hope it will give me a few more good months. But before beginning this, I wanted to have a little fun: a trip to North Carolina to see the wonderful lemur research center at Duke University. Lemurs are close to the ancestral stock from which all primates arose, and I am happy to think that one of my own ancestors, fifty million years ago, was a little tree-dwelling creature not so dissimilar to the lemurs of today. I love their leaping vitality, their inquisitive nature.

✷

Next to the circle of lead on my table is the land of bismuth: naturally occurring bismuth from Australia; little limousine-shaped ingots of bismuth from a mine in Bolivia; bismuth slowly cooled from a melt to form beautiful iridescent crystals terraced like a Hopi village; and, in a nod to Euclid and the beauty of geometry, a cylinder and a sphere made of bismuth.

Bismuth is element 83. I do not think I will see my eighty-third birthday, but I feel there is something hopeful, something encouraging, about having "83" around. Moreover, I have a soft spot for bismuth, a modest grey metal, often unregarded, ignored, even by metal lovers. My feeling as a doctor for the mistreated or marginalized extends into the inorganic world and finds a parallel in my feeling for bismuth.

I almost certainly will not see my polonium (eighty-fourth) birthday, nor would I want any polonium around, with its intense, murderous radioactivity. But then, at the other end of my table—my periodic table—I have a beautifully machined piece of beryllium (element 4) to remind me of my childhood, and of how long ago my soon-to-end life began.

In this way, stuck though we are in our own speed and time, we can, in imagination, enter all speeds, all time.

✳

The River of Consciousness

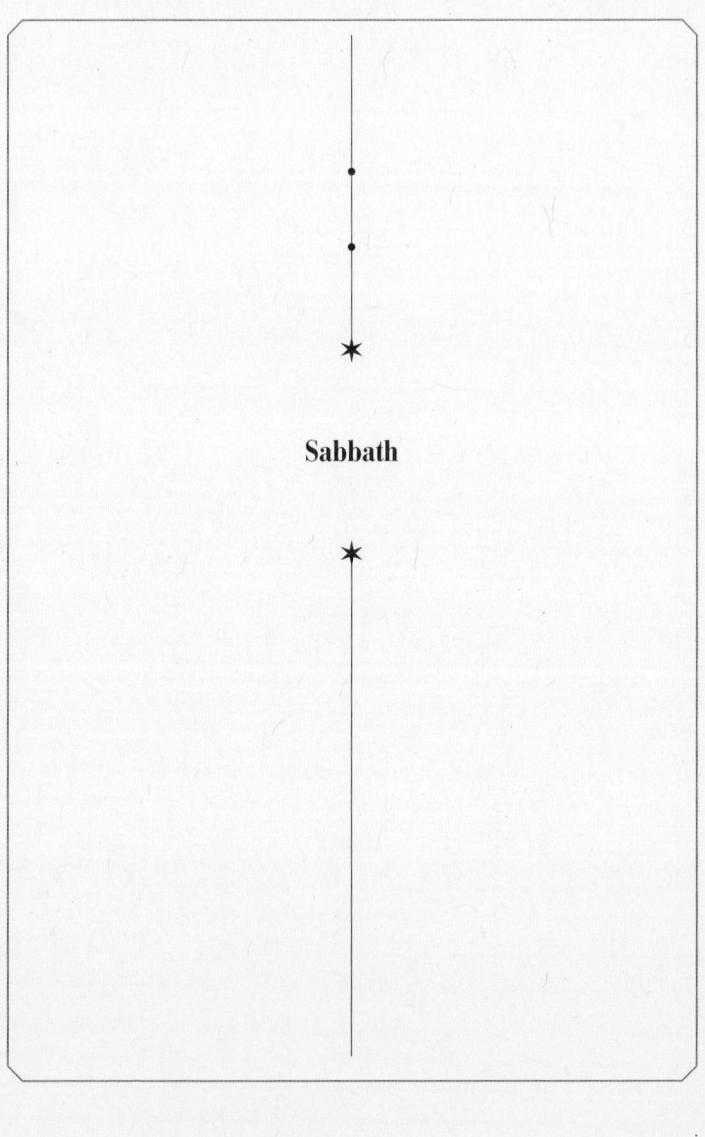

Sabbath

Sabbath

★

My mother and her seventeen brothers and sisters had an Orthodox upbringing—all photographs of their father show him wearing a yarmulke, and I was told that he woke up if it fell off during the night. My father too came from an Orthodox background. Both my parents were very conscious of the Fourth Commandment ("Remember the Sabbath day, to keep it holy"), and the Sabbath (Shabbos, as we called it in our Litvak way) was entirely different from the rest of the week. No work was allowed, no driving, no use of the telephone; it was forbidden to switch on a light or a stove. Being physicians, my parents made exceptions. They could not take the phone off the hook or completely avoid driving; they had to be available, if necessary, to see patients, or operate, or deliver babies.

We lived in a fairly Orthodox Jewish community in Cricklewood, in Northwest London—the butcher, the baker, the grocer, the greengrocer, the fishmonger, all closed their shops in good time for the Sabbath, and did not open their shutters till Sunday morning. All of them, and all our neighbors, we imagined, were celebrating Shabbos in much the same fashion as we did.

Around midday on Friday, my mother doffed her surgical identity and attire and devoted herself to making gefilte fish and other delicacies for Shabbos. Just before evening fell, she would light the ritual candles, cupping their flames with her hands, and murmuring a prayer. We would all put on clean, fresh Shabbos clothes, and gather for the first meal of the Sabbath, the evening meal. My father would lift his silver wine cup and chant the blessings and the Kiddush, and after the meal, he would lead us all in chanting the grace.

On Saturday mornings, my three brothers and I trailed

our parents to Cricklewood Synagogue on Walm Lane, a huge shul built in the 1930s to accommodate part of the exodus of Jews from the East End to Cricklewood at that time. The shul was always full during my boyhood, and we all had our assigned seats, the men downstairs, the women—my mother, various aunts and cousins—upstairs; as a little boy, I sometimes waved to them during the service. Though I could not understand the Hebrew in the prayer book, I loved its sound and especially hearing the old medieval prayers sung, led by our wonderfully musical hazan.

All of us met and mingled outside the synagogue after the service—and we would usually walk to the house of my Auntie Florrie and her three children to say a Kiddush, accompanied by sweet red wine and honey cakes, just enough to stimulate our appetites for lunch. After a cold lunch at home—gefilte fish, poached salmon, beetroot jelly—Saturday afternoons, if not interrupted by emergency medical calls for my parents, would be devoted to family visits. Uncles and aunts and cousins would visit us for tea, or we them; we all lived within walking distance of one another.

*

The Second World War decimated our Jewish community in Cricklewood, and the Jewish community in England as a whole was to lose thousands of people in the postwar years. Many Jews, including cousins of mine, emigrated to Israel; others went to Australia, Canada, or the States; my eldest brother, Marcus, went to Australia in 1950. Many of those who stayed assimilated and adopted diluted, attenuated forms of Judaism. Our synagogue, which would be packed to capacity when I was a child, grew emptier by the year.

I chanted my bar mitzvah portion in 1946 to a relatively full synagogue, including several dozen of my relatives, but this, for me, was the end of formal Jewish practice. I did not embrace the ritual duties of a Jewish adult—praying every day, putting on tefillin before prayer each weekday morning—and I gradually became more indifferent to the beliefs and habits of my parents, though there was no particular point of rupture until I was eighteen. It was then that my father, enquiring into my sexual feelings, compelled me to admit that I liked boys.

"I haven't done anything," I said, "it's just a feeling—but don't tell Ma, she won't be able to take it."

He did tell her, and the next morning she came down with a look of horror on her face, and shrieked at me: "You are an abomination. I wish you had never been born." (She was no doubt thinking of the verse in Leviticus that read, "If a man also lie with mankind, as he lieth with a woman, both of them have committed an abomination: They shall surely be put to death; their blood shall be upon them.")

The matter was never mentioned again, but her harsh words made me hate religion's capacity for bigotry and cruelty.

After I qualified as a doctor in 1960, I removed myself abruptly from England and what family and community I had there, and went to the New World, where I knew nobody.

When I moved to Los Angeles, I found a sort of community among the weight lifters on Muscle Beach, and with my fellow neurology residents at U.C.L.A., but I craved some deeper connection—"meaning"—in my life, and it was the absence of this, I think, that drew me into near-suicidal addiction to amphetamines in the 1960s.

Recovery started, slowly, as I found meaningful work in New York, in a chronic care hospital in the Bronx (the "Mount Carmel" I wrote about in *Awakenings*). I was fascinated by my patients there, cared for them deeply, and felt something of a mission to tell their stories—stories of situations virtually unknown, almost unimaginable, to the general public and, indeed, to many of my colleagues. I had discovered my vocation, and this I pursued doggedly, single-mindedly, with little encouragement from my colleagues. Almost unconsciously, I became a storyteller at a time when medical narrative was almost extinct. This did not dissuade me, for I felt my roots lay in the great neurological case histories of the nineteenth century (and I was encouraged here by the great

Russian neuropsychologist A. R. Luria). It was a lonely but deeply satisfying, almost monkish existence that I was to lead for many years.

※

During the 1990s, I came to know a cousin and contemporary of mine, Robert John Aumann, a man of remarkable appearance with his robust, athletic build and long white beard that made him, even at sixty, look like an ancient sage. He is a man of great intellectual power but also of great human warmth and tenderness, and deep religious commitment—indeed, "commitment" is one of his favorite words. Although, in his work, he stands for rationality in economics and human affairs, there is no conflict for him between reason and faith.

He insisted I have a mezuza on my door, and brought me one from Israel. "I know you don't believe," he said, "but you should have one anyhow." I didn't argue.

In a remarkable 2004 interview, Robert John spoke of his lifelong work in mathematics and game theory, but also of his family—how he would go skiing and mountaineering with some of his nearly thirty children and grandchildren (a kosher cook, carrying saucepans, would accompany them), and the importance of the Sabbath to him.

"The observance of the Sabbath is extremely beautiful," he said, "and is impossible without being religious. It is not even a question of improving society—it is about improving one's own quality of life."

In December of 2005, Robert John received a Nobel Prize for his fifty years of fundamental work in economics. He was not entirely an easy guest for the Nobel Committee, for he went to Stockholm with his family, including many of those children and grandchildren, and all had to have special kosher plates, utensils, and food, and special formal clothes, with no biblically forbidden admixture of wool and linen.

That same month, I was found to have cancer in one eye, and while I was in the hospital for treatment the following month, Robert John visited. He was full of entertaining stories about the Nobel Prize and the ceremony in Stockholm, but made a point of saying that, had he been compelled to travel to Stockholm on a Saturday, he would have refused the prize. His commitment to the Sabbath, its utter peacefulness and remoteness from worldly concerns, would have trumped even a Nobel.

∗

In 1955, as a twenty-two-year-old, I went to Israel for several months to work on a kibbutz, and though I enjoyed it, I decided not to go again. Even though so many of my cousins had moved there, the politics of the Middle East disturbed me, and I suspected I would be out of place in a deeply religious society. But in the spring of 2014, hearing that my cousin Marjorie—a physician who had been a protégée of my mother's and had worked in the field of medicine till the age of ninety-eight—was nearing death, I phoned her in Jerusalem to say farewell. Her voice was unexpectedly strong and resonant, with an accent very much like my mother's. "I don't intend to die now," she said; "I will be having my hundredth birthday on June eighteenth. Will you come?"

I said, "Yes, of course!" When I hung up, I realized that I had, within a few seconds, reversed a decision of almost sixty years. It was purely a family visit. I celebrated Marjorie's hundredth birthday with her and extended family. I saw two other cousins dear to me in my London days, innumerable second and removed cousins, and, of course, Robert John. I felt embraced by my family in a way I had not known since childhood.

I had felt a little fearful visiting my Orthodox family with my lover, Billy—my mother's words still echoed in my mind—but Billy too was warmly received. How profoundly attitudes had changed, even among the Orthodox, was made clear by Robert John when he invited Billy and me to join him and his family at their opening Sabbath meal.

The peace of the Sabbath, of a stopped world, a time

outside time, was palpable, infused everything, and I found myself drenched with a wistfulness, something akin to nostalgia, wondering what if: What if A and B and C had been different? What sort of person might I have been? What sort of a life might I have lived?

In December 2014, I completed my memoir, *On the Move*, and gave the manuscript to my publisher, not dreaming that days later I would learn I had metastatic cancer, coming from the melanoma I had in my eye nine years earlier. I am glad I was able to complete my memoir without knowing this, and that I had been able, for the first time in my life, to make a full and frank declaration of my sexuality, facing the world openly, with no more guilty secrets locked up inside me.

In February, I felt I had to be equally open about my cancer—and facing death. I was, in fact, in the hospital when my essay on this, "My Own Life," was published in *The New York Times*. In July I wrote another piece for the paper, "My Periodic Table," in which the physical cosmos, and the elements I loved, took on lives of their own.

And now, weak, short of breath, my once-firm muscles melted away by cancer, I find my thoughts, increasingly, not on the supernatural or spiritual but on what is meant by living a good and worthwhile life—achieving a sense of peace within oneself. I find my thoughts drifting to the Sabbath, the day of rest, the seventh day of the week, and perhaps the seventh day of one's life as well, when one can feel that one's work is done, and one may, in good conscience, rest.

I don't so much fear death as I do wasting life.

✶

Oliver, 2009. 10. 31

고마워하겠습니다

오은

고맙습니다
생각할 수 있다는 것은 얼마나 다행인지
아침 햇살에
점심 발걸음에
저녁 어스름에
오늘을 새길 수 있다는 것은
매번 얼마나 숨이 트이는 일인지

고맙습니다
표현할 수 있다는 것은 얼마나 다행인지
아직 늦지 않았다는 것은
눈을 마주칠 수 있다는 것은

헌시

기꺼이 열 수 있는 귀가 있다는 것은
말을 들어줄 당신이 내 앞에 있다는 것은
또 얼마나 기쁜 일인지

주기율표가 있어서
우리 모두가 공평하게 수소로 태어난다는 것이
너와 나의 거리를 파악할 수 있다는 것이
그 거리를 억지로 좁히려 애쓰지 않아도 된다는 것이
나의 차례를 묵묵히 기다릴 수 있다는 것이
매년, 견주어 헤아릴 게 있다는 것이
마침내 내년을 기약할 수 있다는 것이

고맙습니다

저는 스칸듐의 시기에 시를 쓰기 시작했습니다
스칸듐은 희귀한 금속이라고 합니다
니켈의 시기에 제 이름으로 시집을 갖게 되었습니다
시집을 내고 얼마 뒤 목숨을 잃을 뻔했습니다
니켈은 지구의 내핵과 외핵을 구성하는 원소라고 합니다

공기 중에서 변하지 않는다고 합니다
니켈의 시기를 관통하며
변한 것과 변하지 않은 것이 있었습니다
변함없이 시를 쓰고 있습니다

저는 지금 브로민의 시기를 지나고 있습니다
브로민은 부식성이 매우 강하다고 합니다
악취가 난다고 합니다
숨을 참으며 숨을 고르며
녹슬지 않기 위해 하루하루를 견디고 있습니다

제 이름은 은銀입니다
마흔일곱 살이 되는 날,
저는 또다시 당신을 떠올릴 겁니다
주기율표를 들여다보며
"여기까지 왔다"고 스스로를 다독일 겁니다
그때도 저는 시를 쓰고 있을 겁니다
사람일 겁니다
인간일 겁니다

헌시

사람과 사람 사이에 있을 겁니다

이 행성은 점점 아름다움을 잃고 있습니다
정상과 비정상을 가르는 편견에
도처에 널린 차별이란 폭력에

당신은 편견과 폭력과 싸운 사람입니다

고맙습니다
당신 덕분에 편견과 폭력과 싸울 용기를 얻었습니다
제가 마주할 마지막 원소가
아이오딘이 될지 텅스텐이 될지 비스무트가 될지
모르겠지만
어쩌면 운 좋게 아인시타이늄을 마주할 수도 있겠지만
마지막 인사를 건네는 그날까지

당신에게, 무수한 당신들에게
그리고 아름다움을 조금이라도 간직할 이 행성에
고마워하겠습니다

지은이 **올리버 색스** Oliver Sacks

1933년 영국 런던에서 태어났다. 옥스퍼드 대학 퀸스칼리지에서 의학 학위를 받았고, 미국으로 건너가 샌프란시스코와 UCLA에서 레지던트 생활을 했다. 1965년 뉴욕으로 옮겨 가 이듬해부터 베스에이브러햄 병원에서 신경과 전문의로 일하기 시작했다. 그 후 알베르트 아인슈타인 의과대학과 뉴욕 대학을 거쳐 2007년부터 2012년까지 컬럼비아 대학에서 신경정신과 임상 교수로 일했다. 2012년 록펠러 대학이 탁월한 과학 저술가에게 수여하는 '루이스 토머스상'을 수상했고, 모교인 옥스퍼드 대학을 비롯한 여러 대학에서 명예박사 학위를 받았다. 2015년 안암이 간으로 전이되면서 향년 82세로 타계했다.

올리버 색스는 신경과 전문의로 활동하면서 여러 환자들의 사연을 책으로 펴냈다. 인간의 뇌와 정신 활동에 대한 흥미로운 이야기들을 쉽고 재미있게 그리고 감동적으로 들려주어 수많은 독자들에게 큰 사랑을 받았다. 〈뉴욕타임스〉는 이처럼 문학적인 글쓰기로 대중과 소통하는 올리버 색스를 '의학계의 계관시인'이라 부르기도 했다.

지은 책으로 베스트셀러 《아내를 모자로 착각한 남자》를 비롯해 《색맹의 섬》 《뮤지코필리아》 《환각》 《마음의 눈》 《목소리를 보았네》 《나는 침대에서 내 다리를 주웠다》 《깨어남》 《편두통》 등 10여 권이 있다. 생을 마감하기 전에 자신의 삶과 연구, 저술 등을 감동적으로 서술한 자서전 《온 더 무브》와 삶과 죽음을 담담한 어조로 통찰한 칼럼집 《고맙습니다》, 인간과 과학에 대한 무한한 애정이 담긴 과학에세이 《의식의 강》을 남겨 잔잔한 감동을 불러일으켰다.

| 홈페이지 www.oliversacks.com |

옮긴이 **김명남**

카이스트 화학과를 졸업하고 서울대 환경대학원에서 환경 정책을 공부했다. 인터넷서점 알라딘 편집팀장을 지냈고, 지금은 전업 번역가로 일하고 있다. 옮긴 책으로 《비커밍—미셸 오바마 자서전》 《재밌다고들 하지만 나는 두 번 다시 하지 않을 일》 《남자들은 자꾸 나를 가르치려 든다》 《우리는 모두 페미니스트가 되어야 합니다》 《면역에 관하여》 등이 있다.

고맙습니다 스페셜 에디션 IV 블루

1판 1쇄 펴냄 2018년 12월 10일
1판 2쇄 펴냄 2025년 2월 20일

지은이 올리버 색스
옮긴이 김명남
CD Nyhavn
펴낸이 안지미

펴낸곳 (주)알마
출판등록 2006년 6월 22일 제2013-000266호
주소 04056 서울시 마포구 신촌로4길 5-13, 3층
전화 02.324.3800 판매 02.324.3232 편집
전송 02.324.1144

전자우편 alma@almabook.by-works.com
페이스북 /almabooks
트위터 @alma_books
인스타그램 @alma_books

ISBN 979-11-5992-232-9 03400

이 책의 내용을 이용하려면 반드시 저작권자와 알마출판사의 동의를 받아야 합니다.

알마출판사는 다양한 장르간 협업을 통해 실험적이고 아름다운 책을 펴냅니다.
삶과 세계의 통로, 책book으로 구석구석nook을 잇겠습니다.